桑树

营养元素缺乏症及矫正技术

王谢 张建华 著

四川科学技术出版社

图书在版编目（CIP）数据

桑树营养元素缺乏症及矫正技术 / 王谢, 张建华著.
一成都：四川科学技术出版社, 2023.10
ISBN 978-7-5727-1174-9

Ⅰ.①桑… Ⅱ.①王…②张… Ⅲ.①桑树—植物营
养缺乏症—防治 Ⅳ.①S432.3

中国国家版本馆CIP数据核字(2023)第204928号

桑树营养元素缺乏症及矫正技术
SANGSHU YINGYANG YUANSU QUEFAZHENG JI JIAOZHENG JISHU

王　谢　张建华　著

出 品 人	程佳月
组稿编辑	何　光
责任编辑	王双叶
封面设计	张维颖
责任出版	欧晓春
出版发行	四川科学技术出版社

地址 成都市锦江区三色路238号　邮政编码 610023
官方微博 http://weibo.com/sckjcbs
官方微信公众号 sckjcbs
传真 028-86361756

成品尺寸	146mm×210mm
印　张	3　字数 100 千
印　刷	四川省南方印务有限公司
版　次	2023年10月第 1 版
印　次	2023年11月第 1 次印刷
定　价	38.00元

ISBN 978-7-5727-1174-9

邮　购：成都市锦江区三色路238号新华之星A座25层　邮政编码：610023
电　话：028-86361770

本书参著人员

王　谢　四川省农业科学院农业资源与环境研究所

张建华　四川省农业科学院农业资源与环境研究所

朱　波　长江大学农学院

陈冠陶　四川省农业科学院农业资源与环境研究所

庞良玉　四川省农业科学院农业资源与环境研究所

林超文　四川省农业科学院农业资源与环境研究所

唐　甜　四川省农业科学院农业资源与环境研究所

李　芹　四川省农业科学院农业资源与环境研究所

刘海涛　四川省农业科学院农业资源与环境研究所

姚　莉　四川省农业科学院农业资源与环境研究所

王　宏　四川省农业科学院农业资源与环境研究所

杨　琴　四川省农业科学院农业资源与环境研究所

内容提要

　　本书针对当前在桑树栽培中普遍存在的因土壤养分缺乏而影响桑树正常生长、影响桑树的产量以及品质的问题，详细介绍了桑树必需营养元素中除碳、氢、氧外的氮、磷、钾、钙、镁、硫、铁、锰、铜、锌、硼、钼和氯13种元素的缺素症状。书中主要通过精选百余幅清晰度高、症状典型的桑树缺素症状图片，形象而直观地展示桑树13种营养元素的缺素症状，以便于读者查看和比对，为桑树缺素的识别和科学施肥提供指导。

　　本书内容翔实，针对性强，实用价值高，可操作性强，可作为各级农业技术人员、肥料生产企业、土壤和桑树营养科研教学的科技人员、管理干部、肥料销售人员、蚕桑产业经营者的工具书，便于在学习和生产中使用。

序　言

　　传统兼业小型农户蚕桑产业的经营模式已经难以为继，比较效益不断下降已使蚕桑产业原有的比较优势丧失殆尽，蚕桑产业正面临转型升级，蚕桑生产必须与现代科学技术相结合，适应市场的发展变化，并主动融入大农业中，才能形成良好的发展态势。

　　在丝绸市场无法有效扩容，栽桑—养蚕—收茧—抽丝—织绸产业趋于饱和的形势下，大力发展食用桑、饲料桑、生态桑以及果桑等，深入挖掘桑产品的多元化，推进桑产业向生态、高效、可持续方向发展是整个蚕桑产业再创辉煌的物质基础。

　　自 2009 年建立国家蚕桑产业技术体系以来，在西南大学前后三位首席科学家的带领下，众多科研及工作人员团结协作、努力工作、创新进取、探索前行，历史性地完成了现代蚕桑产业的重新定位，确立和践行了"立桑为业，多元发展"的新思路、新路径，显著推动了以"生态型、多元化、高效益、可持续"为特征的产业体系重建，在引领我国现代蚕桑产业转型升级和高质量发展的新征程中做出了突出贡献，出色地完成了前一阶段的任务和使命，并为脱贫攻坚做出了重要贡献。

　　本书是对国家蚕桑产业技术体系土肥水管理岗位团队过去十余年在桑树营养研究方面的总结，也希望本书的出版能为我国未来蚕桑产业的发展起到积极作用。

　　　　　　　　　　　　　　　　　　　　张建华

　　　　　　　　　　　　　　　　　　2022 年 12 月

前　言

我国自古就有种植桑树的历史记载，是世界蚕桑产业的发源地。据文物考证，早在3 000多年前，我国的桑树种植技术已有相当水平。我国作为世界蚕桑生产第一大国，桑树的常年种植面积为1 200万亩（1亩≈667平方米）左右，蚕茧产量65万~70万吨，蚕茧、蚕丝产量一直占世界总产量的80%左右。

2008年，向仲怀院士提出我国的蚕桑产业不应该仅仅是一根丝的产业，必须转型升级，并进一步提出"立桑为业"，即发展"桑产业"的概念。经过十几年的努力，多元化桑产业已蓬勃发展，果桑、桑芽菜、饲料桑、生态桑已得到社会各界的高度认可。新型的蚕桑产业业态已初步形成，使传统的蚕桑产业焕发出新的活力，为我国贫困地区农民脱贫致富做出了重要贡献，也必将为正在进行的乡村振兴提供重要的产业支撑。

桑树是主要收获叶片的经济林木，由于产量高，带走的营养元素多，如这些营养元素得不到及时的补充，营养不足将会严重影响桑叶的产量和品质，进而影响桑园的经济效益。桑树在我国从南到北、从东到西都有种植，种植的地域跨度大，土壤类型多，气候条件、土壤肥力差异大，农户的种植技术水平也参差不齐，因养分缺乏导致桑叶产量和品质低下的现象时有发生，严重影响了蚕桑产业的经济效益。因此，尽早正确诊断桑树营养元素缺乏状况，并及时矫正补救，是实现桑树优质高产、提高桑园收益的重要技术保障。

在桑树生长必需的16种营养元素中，除碳、氢、氧外，其他13种必需营养元素都将由土壤或通过施肥来提供，一旦不能满足其生长的需求，桑树往往会在形态上表现出某些特有的缺素症状，这是由于营养元素的缺乏引起代谢紊乱所导致的不正常生理现象。缺素症状是指桑树在生长过程中因缺乏某种营养元素而导致的一些生长异常的症状。由于每种营养元素在维持植物正常生理功能方面所起的作用不同，在缺乏时形成的缺素形态也不同。对于桑树而言，营养元素的缺乏会在叶片、枝条以及生长点上表现出相应的症状，例如：铁、镁、锰、锌、铜等直接或间接与叶绿素合成以及光合作用有关，缺乏时一般都会出现失绿现象；磷、硼等与糖的转运有关，缺乏时糖容易在叶片中滞留，常常会形成花青素而使叶带有紫红色泽；新生组织如生长点萎缩或死亡，与缺乏同细胞膜形成有关的元素钙、硼有关；畸形小叶是因缺锌导致生长素不足而造成的。

此外，营养元素在桑树体内的移动性是不同的，因此，缺素症状出现的部位也就不同。容易移动的营养元素如氮、钾、镁等，当桑树体内发生亏缺时，它们会从老组织移向新生组织，缺素症状最初总是在老组织上出现；反之，一些不易移动的营养元素如铁、硼、钙等的缺素，症状常常是从新生组织开始显现。桑树缺素症状是桑树内部营养状况失调在桑树外部的显现，它在一定程度上反映了土壤中某些养分的亏缺，是判断桑树营养状况的技术手段之一，是进行桑树测土配方施肥的重要组成部分。在此需要说明的是，桑树缺素症状的外部形态表现总是滞后于生长受到的影响。同理，有时桑树产量或品质已受到明显的影响，缺素症状在外部形态上仍然没有明显表现出来。所以，在生产实践中，还必须结合土壤养分测试、桑树养分分析、肥料试验来最终确定桑树是否存在缺素问题，以弥补简单形态诊断的不足。尽管如此，通过观察桑树缺素外部形态的变化，仍然是在大面积桑树栽培实践中最直接、最快速、最经济的方法，是提供桑树施肥的重要依据。在桑树栽培中，人们非常重视桑树营养缺素和矫正技术的研究，并在农业生产中广泛应用。

然而，到目前为止还没有成套的桑树营养元素缺素症状图谱。为了更好地指导全国的桑树栽培，做好桑树测土配方施肥工作，提高桑树科学施肥的到位率和应用率，在国家蚕桑产业技术体系的支持下，土肥水管理岗位团队编写了《桑树营养元素缺乏症及矫正技术》，由四川科学技术出版社出版发行。

书中所有的照片都是由编著者在 2012—2020 年期间通过雾化栽培、砂培进行缺素处理获得的，大多数缺素照片都是首次出现。本书针对性强、实用价值高、可操作性强，适合各级农业推广部门、肥料生产企业、土壤和桑树营养科研教学部门、肥料经销商、蚕桑专业合作社和蚕桑产业经营者阅读参考，也可作为大专院校蚕桑教学的参考书。

由于研究人员和编写人员水平有限，书中难免有不妥之处，敬请同行和广大读者批评指正。

张建华

2022 年 12 月

目　录

第一章 概 述

　　桑树的各组织器官是由干物质和水分组成。桑树全株的含水率在60%左右。其中新鲜的桑叶含水70%～75%，新鲜的桑枝条含水58%～61%，新鲜的桑根含水54%～59%。其余为干物质。桑树必需营养元素除碳、氢、氧外，还有13种，分别为氮、磷、钾、钙、镁、硫、铁、锰、锌、铜、钼、硼和氯，这13种必需营养元素的总含量占桑树各组织器官干物质的5%以上。

　　桑树13种营养元素缺素风险等级见表1-1。

表 1-1　桑树 13 种营养元素缺素风险等级

元素	英文名	符号	缺素风险等级
氮	Nitrogen	N	A
磷	Phosphorus	P	A
钾	Potassium	K	A
钙	Calcium	Ca	B
镁	Magnesium	Mg	B
硫	Sulfur	S	B
铁	Iron	Fe	B
锰	Manganese	Mn	B

续表

元素	英文名	符号	缺素风险等级
锌	Zinc	Zn	B
铜	Copper	Cu	B
钼	Molybdenum	Mo	B
硼	Boron	B	B
氯	Chlorine	Cl	C

注：A类为缺素高风险元素，田间常见缺素症状。B类为缺素中风险元素，在部分地区和特殊环境下可见缺素症状。C类为缺素低风险元素，田间难见缺素症状。

第二章　氮营养

一、氮的功能

氮是自然条件下桑树最容易缺乏的营养元素。含氮化合物占桑树原生质干物质的40%～50%。氮是桑树细胞原生质、蛋白质、酶和叶绿素的主要成分，能促进桑树营养生长，提高光合效能，在桑树营养中起到重要作用。

二、氮缺乏的原因

（1）桑树需氮量大，土壤缺氮，施肥量不足，氮素供应不足。

（2）肥料利用率不高。铵态氮肥在碱性环境中容易挥发损失或 NH_4^+ 进入黏土矿物的晶层被固定，导致有效性降低；土壤有机质含量低，保肥力弱，当遇径流时，氮肥容易淋失。

三、氮缺乏时桑树的生长状况

桑树发生缺氮，叶片首先由绿色变为黄绿色，然后黄化，由下部叶片开始逐渐向上。桑树瘦小，分枝少，叶片小而薄。叶片黄化失绿、早衰，甚至干枯。见图2-1。

图 2-1　桑树缺氮的整体表现

　　（1）桑树缺氮初期时，从下部叶开始表现出黄化，随着缺素程度加重，叶片黄化逐渐向上部叶发展。见图 2-2。

图 2-2　桑树缺氮时枝条不同位置叶片的黄化表现

（2）桑叶缺氮初期，叶片整叶失色均匀，到后期叶片上的绿色从叶尖和边缘向叶脉处褪去。桑叶褪色区域以浅绿色为主，略带黄绿色，主叶脉边缘绿色不明显。见图 2-3。

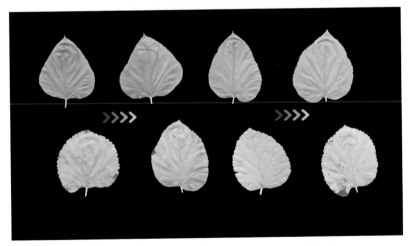

图 2-3　桑树叶片失绿程度随缺氮不同时期的变化

（3）桑叶轻度缺氮时，叶片均匀失色，绿色略淡；严重缺氮时，叶片明显黄化，黄化区域主要为叶肉部分。见图 2-4。

（1）正常叶片　　　　　　　　　　（2）轻度缺氮

（3）重度缺氮

图 2-4　桑树缺氮时不同失绿程度的叶片

　　（4）桑树缺氮会导致根系生长受阻，主要表现为根系生长量减少、新生根系短、老根上萌发新根能力弱、根系的新老交替变慢。见图 2-5。

图 2-5　桑树缺氮时的根系特征

四、矫正措施

一旦桑树出现缺氮苗头，应尽快选择施用尿素、碳铵、硫酸铵、硝酸铵、磷酸一铵、磷酸二铵、磷酸脲或氯化铵（限量）等肥料进行矫正，以确保桑树正常生长。

第三章　磷营养

一、磷的功能

磷是磷脂、核酸、辅酶和维生素等的重要组成成分,直接影响细胞的增殖和生长。磷在桑树生理活动中对体内的能量转换起着至关重要的作用。磷在桑树体内多数集中在生理活动旺盛的新芽和根先端的生长点内。

二、磷缺乏的原因

1. 土壤因素

磷在土壤中易形成不溶或微溶性磷酸盐而被固化,比如在酸性土壤(pH 值 < 5.5)中易与铝、铁离子生成不溶于水的磷酸盐;在碱性土壤(pH 值 > 7.5)中易与镁、钙离子生成不溶于水的磷酸盐。

低温时(早春低温、高寒山区),桑树容易缺磷。偏施氮肥、土壤板结、低温干旱或潮湿的气候都会加重桑树缺磷。

2. 供需不平衡

桑树需磷量大,供应不足导致缺磷。桑树发生根系障碍,养分吸收能力变差,也会导致缺磷。

三、磷缺乏时桑树的生长状况

桑树缺磷的初期症状首先在下部老叶出现，随着程度加重，逐渐向上部叶发展。初期叶片呈暗绿色，紧接着变黄，甚至干枯。幼芽、幼叶生长停滞，枝条纤细，桑树矮小。见图3-1。

图3-1 桑树缺磷的整体表现

（1）桑树缺磷时，从下部老叶开始表现出黄化，随着缺素程度加重，叶片黄化逐渐向上部叶发展。见图3-2。

图 3-2　桑树缺磷时枝条不同位置叶片的黄化表现

（2）桑叶缺磷初期，从叶尖的边缘开始向下并同时向内褪色。后期失色均匀，与缺氮叶片颜色比较相近，不过更偏黄色一些。桑树缺磷叶片失绿发黄总是从叶尖边缘开始向下向叶柄、向内向主叶脉方向发展。桑叶褪色区域以浅黄色为主，主叶脉边缘绿色明显。见图 3-3。

图 3-3　桑树叶片失绿程度随缺磷不同时期的变化

（3）桑叶轻度缺磷时，叶片边缘黄化，叶缘以内的部分保持绿色；随着缺磷进一步加重，叶片明显黄化，直至全部叶肉黄化，但叶脉仍保持绿色；随着缺磷时间增长以及程度的加重，叶肉出现团块状棕褐色枯斑，枯斑内部颜色较浅，最后出现整个片叶逐渐枯死。见图 3-4。

（1）正常叶片

（2）轻度缺磷

（3）重度缺磷

图 3-4　桑树缺磷时不同失绿程度的叶片

（4）桑树缺磷会导致根系生长受阻，主要表现为根系生长量减少、根尖生长势弱、须根杂乱、新根老化快、根毛较短、根系老化速度加快。见图 3-5。

图 3-5　桑树缺磷时的根系特征

四、矫正措施

发现缺磷时，可补充选择施用过磷酸钙、重过磷酸钙、钙镁磷肥、磷矿粉、磷酸一铵、磷酸二铵、磷酸脲等化学肥料。

第四章 钾营养

一、钾的功能

钾对维持细胞原生质胶体系统和细胞液的缓冲系统具有重要作用，与体内的新陈代谢、碳水化合物的合成、运输和转化有密切关系，控制六碳糖缩合成蔗糖和淀粉；促进桑树对氮素的吸收和蛋白质的合成，对叶绿素的合成起重要作用，是铁和激酶等的活化剂，能促进桑树的同化作用，增进营养生长，让桑叶提早成熟。钾还有增强桑树抗旱、抗寒等能力；调节蒸腾，保持细胞膨压，使植株形态挺直健壮。桑树吸收的钾大多为阳离子状态，在桑树体内以水溶性的无机盐或有机盐态存在。

二、钾缺乏的原因

1. 土壤因素

土壤有机质含量低、矿物颗粒粗、质地轻的砂质土壤，会因养分淋溶流失（尤其是速效钾）严重而导致土壤钾含量低。黏土矿物的矿物晶格固定作用导致土壤中钾的有效性低。

2. 供需不平衡

桑树对钾的需求量大，施肥量不足易缺钾。

过量施用氮/磷肥，石灰性土壤，过度施用生石灰，易导致桑树缺钾。

三、钾缺乏时桑树的生长状况

桑树缺钾症状首先在下部老叶出现，并逐渐向上发展。缺钾初期，从下部老叶的叶尖边缘开始发黄，并逐渐枯萎，叶面出现小斑点，进而干枯或呈焦枯状，最后叶脉之间的叶肉干枯，在叶面上出现褐色斑点或斑块。桑树缺钾时植株柔弱，易倒伏。见图4-1。

图 4-1　桑树缺钾初期的整体表现

（1）桑树缺钾时，从下部老叶开始表现出黄化，随着缺素程度加重，叶片黄化逐渐向上部叶发展。见图4-2。

图4-2　桑树缺钾时枝条不同位置叶片的黄化表现

（2）桑叶缺钾初期，褪色从叶片叶尖的边缘开始，沿叶边向叶柄、向内向主叶脉延伸，叶脉保持绿色。褪色后叶肉由浅黄色到橙色再到棕色，形成枯斑。枯萎主要发生在叶尖、叶缘和叶脉间。见图4-3。

图4-3　桑树叶片失绿程度随缺钾不同时期的变化

（3）桑叶轻度缺钾时，叶片颜色暗淡，叶肉褪绿；严重缺钾时，叶片为棕黄色，黄化区域主要为叶肉部分，叶脉走向清晰、绿色明显突出，叶肉部分出现连续、条状、扩散状棕色枯斑，伴随叶肉枯死现象。见图4-4。

（1）正常叶片　　　　　　　（2）轻度缺钾

（3）重度缺钾

图4-4　桑树缺钾时不同失绿程度的叶片

（4）桑树缺钾时，根系生长量减少，须根变得瘦黄，根系新老交替变慢，根系老化延迟。见图4-5。

图 4-5　桑树缺钾时的根系特征

四、矫正措施

桑树缺钾时可选择补充硫酸钾、氯化钾、磷酸二氢钾、聚磷酸钾、多聚磷酸钾、硝酸钾、草木灰等肥料。

一、钙的功能

钙是桑树细胞壁结构中的关键元素，促进细胞膜的构成，在调控细胞膜和酶活性中发挥着重要作用，并且还是器官（如花粉管、根）生长的信使物质。钙在体内能中和细胞内过多的有机酸和重金属一类的有害物质，促进碳水化合物的运输和蛋白质的合成。桑树吸收的钙都是阳离子状态。

二、钙缺乏的原因

1. 土壤因素

多雨且雨量大的区域，在酸性砂性土壤上，由于强烈的淋溶作用容易导致大量钙流失，土壤中交换性钙含量低。

pH 值 ≥ 9 的盐碱土，钠离子丰富，往往也会导致钙离子的交换性差而有效含量低。

2. 供需不平衡

桑树对钙的需求量大，土壤供钙不足而未主动施用钙肥。偏施氮肥，桑树由于营养生长快而发生生理性缺钙；偏施钾肥，钙钾离子因为拮抗作用导致缺钙。

　　桑树对钙的吸收、运输依赖于蒸腾拉力，凡是影响蒸腾作用的因素均可影响桑树对钙的吸收。干旱、洪涝灾害、低温寡照等情况皆会导致桑树对钙的吸收降低。

三、钙缺乏时桑树的生长状况

　　缺钙时，桑树生长受阻，节间缩短，桑树矮小。顶芽、侧芽等分生组织易腐烂坏死，幼叶卷曲畸形，叶片呈黄绿色，有褐色坏死斑点或斑块。见图 5-1。

图 5-1　桑树缺钙初期的整体表现

（1）桑树缺钙时，从上部叶开始表现出黄化，随着缺素程度加重，叶片黄化逐渐向中、下部叶发展。见图5-2。

图5-2　桑树缺钙时枝条不同位置叶片的黄化表现

（2）桑叶缺钙初期，褪色从叶片靠近叶柄的下部开始，从叶片外缘向内部扩展。叶片褪色不均匀。褪色后叶肉由浅绿色到黄色。枯萎主要发生在叶尖、叶缘和叶脉间。见图5-3。

图5-3　桑树叶片失绿程度随缺钙不同时期的变化

（3）桑叶轻度缺钙时，叶片边缘黄化，中部颜色均匀，绿色略淡；严重缺钙时，叶片明显黄化，黄化区域由叶缘向内扩散，并零星散布棕色枯斑。见图5-4。

（1）正常叶片　　　　　　　（2）轻度缺钙

（3）重度缺钙

图 5-4　桑树缺钙时不同失绿程度的叶片

　　（4）桑叶严重缺钙时还表现出以下典型特征：基部新叶小而皱缩，出现明显的畸形；顶梢叶片枯黑萎蔫；梢尖枯萎死亡。见图 5-5。

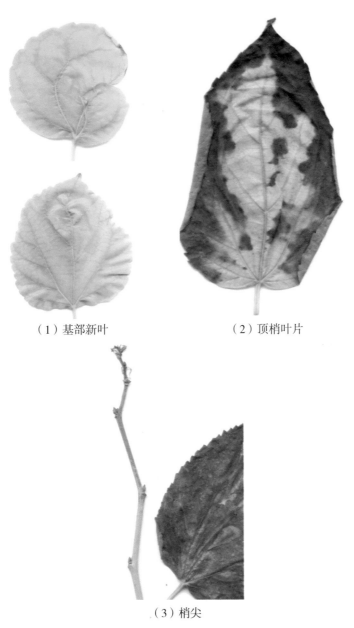

（1）基部新叶　　　　　　　（2）顶梢叶片

（3）梢尖

图 5-5　桑树严重缺钙的时其他典型特征

（5）桑树缺钙时，根系生长受阻。主要表现为：新根生长极弱，须根较短，根系老化加快，易腐烂，根系生长量减少。见图 5-6。

图 5-6　桑树缺钙时的根系特征

四、矫正措施

桑树发生缺钙，在选用钙肥时，要注意关注土壤 pH 值。石灰性以及其他碱性土壤施用硫酸钙；酸性土壤施用生石灰。为更快速矫正缺钙症状，还可选用硝酸钙、硝酸铵钙、Ca-EDTA 等钙肥进行叶面喷施。

第六章　镁营养

一、镁的功能

镁是叶绿素的重要成分，与叶绿素的形成和叶片光合作用有着密切关系。但叶绿素中存在的镁元素含量占桑叶镁总量的比例相对较少，大部分的镁元素还是与原生质相结合的形态，或水溶性的无机形态。它是重要的载体和有效的活化剂，参与多种酶反应，与磷代谢有密切关系，有助于桑树对磷、硫和氮的吸收，参与细胞壁的形成。

二、镁缺乏的原因

1. 土壤因素

土壤镁含量的背景值低。中国土壤含镁量有自北向南、自西向东逐渐降低的趋势，热带和亚热带湿润地区的土壤缺镁严重。土壤 pH 值过高，土壤中的镁会形成难溶性盐，导致镁的有效性降低。

2. 供需不平衡

桑树对镁的需求量大，土壤供镁不足而未施用足够的镁肥。

阳离子之间的拮抗作用影响土壤镁的供应。如：钾肥或石灰施用量过大，会诱发桑树缺镁。氮肥形态也会影响桑树对镁的吸收，最典型的就是 NH_4^+ 对 Mg^{2+} 的吸收有拮抗作用。

三、镁缺乏时桑树的生长状况

缺镁的症状首先在下部老叶出现，并逐渐向上发展。初期下部老叶呈暗绿色，紧接着变黄，甚至干枯。幼芽、幼叶生长停滞，枝条纤细，桑树矮小。见图 6-1。

图 6-1　桑树缺镁初期的整体表现

（1）桑叶缺镁初期，褪色从叶缘开始，向叶肉深入。叶片褪色在叶脉边缘形成粗锯齿状。褪色后叶肉由浅绿色到黄色。枯萎主要发生在叶尖、叶缘和叶脉间。见图6-2。

图6-2　桑树叶片失绿程度随缺镁不同时期的变化

（2）桑叶轻度缺镁时，叶肉出现轻微失绿；严重缺镁时，叶片明显黄化，叶缘黄化程度较深，叶脉及相近区域保留淡绿色，到后来，整个叶缘焦枯并在叶面上散布少许棕色枯斑。见图6-3。

（1）正常叶片

（2）轻度缺镁

（3）重度缺镁

图 6-3　桑树缺镁时不同失绿程度的叶片

（3）桑叶严重缺镁时还表现出以下典型特征：基部叶畸形，出现中脉歪曲、叶肉穿孔；下部老叶从叶尖、叶缘向内焦枯死亡；顶梢及叶片黄化萎蔫。见图 6-4。

（1）基部叶　　　　　　（2）下部老叶

（3）顶梢及叶片

图6-4　桑树严重缺镁时的其他典型特征

（4）桑树缺镁，新根生长变弱，须根横向、纵向生长均受阻，根毛较短、较细，生长密集，根系新老交替加快，根系生长量减少。见图 6-5。

图 6-5　桑树缺镁时的根系特征

四、矫正措施

桑树发生缺镁，在选用镁肥时，要注意关注土壤 pH 值。强酸性土壤宜施用氧化镁、钙镁磷肥等缓效性镁肥；弱酸性、中性以及碱性土壤宜施用硫酸镁。为更快速矫正缺镁症状，还可用硫酸镁、Mg-EDTA 镁肥进行叶面喷施。

第七章　硫营养

一、硫的功能

硫是半胱氨酸、蛋氨酸和维生素的结构成分，存在于许多蛋白质、酶、维生素和电子传递链的铁硫复合物中，有助于桑树体内钾、钙、镁的运输。

二、硫缺乏的原因

1. 土壤因素

土壤硫含量的背景值低，由质地较粗的花岗岩、砂岩和河流冲积物等母质发育的质地较轻的土壤全硫和有效硫含量较低；南方多雨地区红黄壤含硫量也普遍较低。

土壤 pH 值偏低。土壤中的铁铝氧化物对 SO_4^{2-} 的吸附能力强，导致硫有效性低。

土壤通气性差。硫以 S^{2-} 存在，易形成难溶性沉淀，有效性降低，且对桑树产生毒害作用。山区的冷浸田、排水不良的沤水田等易发生缺硫。

2. 供需不平衡

土壤供硫不足而未施用足够的硫肥。

三、硫缺乏时桑树的生长状况

桑树缺硫时，植株生长受阻，植株矮小，茎细僵直，叶片褪绿或黄化。初看与缺氮症状有些类似，但植株体内硫不易移动，故缺硫症状首先在幼叶上出现，失绿均一。见图7-1。

图 7-1　桑树缺硫初期的整体表现

（1）桑叶缺硫初期，叶片褪色从叶片上部叶缘开始，沿叶缘向下、向内扩展，叶脉保持绿色。褪色后叶肉从浅绿色转成黄绿色，再转黄色，最后在叶脉出现枯斑。见图 7-2。

图 7-2　桑树叶片失绿程度随缺硫不同时期的变化

（2）桑叶轻度缺硫时，从叶尖的叶缘开始向下、向内轻微变黄，叶脉保持绿色；严重缺硫时，叶片明显黄化，叶脉褪色呈淡绿色，整片叶呈现黄绿色的网纹状，叶缘由叶尖向下出现棕色枯斑，叶尖轻微枯萎卷曲。见图7-3。

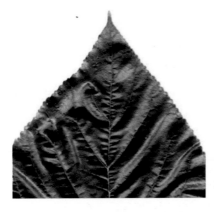

（1）正常叶片　　　　　　　（2）轻度缺硫

（3）重度缺硫

图7-3　桑树缺硫时不同失绿程度的叶片

（3）桑叶严重缺硫时还表现出以下典型特征：顶梢枯萎、死亡；幼叶纤弱、叶片较大。见图7-4。

（1）顶梢

（2）幼叶

图 7-4　桑树缺硫时的其他典型特征

（4）桑树缺硫会导致根系生长受阻，主要表现为根系细长，新根萌发少且分枝减少，根系泛黄、易腐烂，根系整体长势减弱，生长量减少。见图7-5。

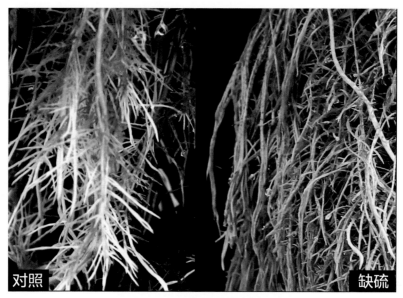

图7-5　桑树缺硫时的根系特征

四、矫正措施

桑树缺硫时可选择补充施用硫酸铵、硫代硫酸铵、硫酸钙、硫酸钾、硫酸镁、硫酸钾镁，还可以用硫包膜尿素以及硫黄。

第八章 铁 营 养

一、铁的功能

铁虽然不是叶绿素的构成成分，但对叶绿素形成有促进作用，间接影响叶绿素的形成。铁与叶绿素中的蛋白质能结合成为铁酶，如细胞色素氧化酶、过氧化物酶、过氧化氢酶等多种氧化酶的成分，关系到体内的氧化、还原、生长等的调节作用。

铁主要储存于叶绿体中，与桑树的光合作用有紧密关联，影响光合作用中的氧化还原系统，参与光合磷酸化作用，缺铁时会阻碍糖的合成。

二、铁缺乏的原因

1. 土壤因素

土壤 pH 值较高、碳酸钙含量较多的石灰性土壤，铁易与碳酸根结合形成碳酸铁沉淀，导致铁的有效性降低。

有机质含量低的砂质土壤，保肥能力差，铁含量较低。

只有 Fe^{2+} 才能被桑树吸收，Fe^{3+} 不能被吸收，对桑树无效，而土壤中的 Fe^{2+} 很容易氧化成 Fe^{3+}。

2. 供需不平衡

桑树需要吸收 Fe^{2+}，而土壤供给不足，或未能施入足量的铁肥，都可能导致供需不平衡。

桑树铁营养的吸收受多种离子的影响，如 Mn^{2+}、Cu^{2+}、Mg^{2+}、K^+、Zn^{2+} 等，它们与 Fe^{2+} 都有明显的拮抗作用，不合理施肥会引起缺铁。

三、铁缺乏时桑树的生长状况

桑树缺铁时，叶绿素无法合成，且由于铁在韧皮部的移动性很弱，因此缺铁首先表现为嫩叶叶片变薄、变小，叶肉发黄，而叶脉仍为绿色；严重的情况下，叶片除主脉保持绿色外，其他部位均变为黄色甚至白色，叶片可出现坏死斑点，叶片易脱落、枯死，叶片会发生变小、解体、液泡化的现象，但老叶通常仍然保持绿色。同时枝条变得纤弱，上部弱枝逐渐死亡，最终植株生长停滞。见图 8-1。

图 8-1　桑树缺铁初期的整体表现

（1）桑叶缺铁初期，褪色从上部叶缘开始，向下、向内扩展，叶片褪色后仅叶脉及叶脉周围的叶肉保留绿色，形成网纹状。随着缺素的进一步发展，叶肉将由黄绿色变成黄白色，最后甚至叶脉也失绿变黄。见图 8-2。

图 8-2　桑树叶片失绿程度随缺铁不同时期的变化

（2）桑叶轻度缺铁时，叶片均匀失绿，颜色微黄；严重缺铁时，叶片明显黄化，叶缘黄化程度深，叶脉及相近区域保留淡绿色，叶缘散布少许棕色枯斑。见图 8-3。

（1）正常叶片　　　　　　　（2）轻度缺铁

（3）重度缺铁

图 8-3　桑树缺铁时不同失绿程度的叶片

（3）桑叶严重缺铁时还表现出以下典型特征：老枝梢顶由于严重缺铁，生长点死亡，叶片萎蔫；新枝梢顶叶片及嫩芽均为黄白色，幼嫩细小。见图8-4。

（1）老枝梢顶

（2）新枝梢顶

图8-4　桑树严重缺铁时的其他典型特征

（4）桑树缺铁会导致根系生长受阻，影响植株对肥料的吸收利用。新根短小簇生，新根瘦黄，根系的新老交替迟缓。见图8-5。

图 8-5　桑树缺铁时的根系特征

四、矫正措施

桑树发生缺铁时，如土壤 pH 值高、缺素较轻的，可酌情选择加施硫酸、硝酸或强酸性肥料（如磷酸脲）等，即可矫正缺铁的症状；对于缺素严重的，可施用整合铁（Fe-EDTA 或 Fe-EDDHA）。

第九章 锰 营 养

一、锰的功能

锰对桑树的寿命、叶绿素合成、氮代谢和蛋白质形成很重要，是桑树的抗性和耐性的重要保障。它常作为酶的激活物，如脱氢酶、转移酶、羟化酶和脱羧酶，参与到呼吸作用、氨基酸合成、木质素合成和激素浓度调控之中。

二、锰缺乏的原因

1. 土壤因素

富含碳酸盐、pH 值 > 7.5 的石灰性土壤，成土母质富含钙的冲积土，沼泽土，干湿交替频繁的土壤均易发生桑树缺锰。

质地轻的砂质酸性土壤，因水溶态锰发生强烈淋失和氧化作用而导致桑树缺锰。

2. 供需不平衡

土壤供给不足，或未能施入足量的锰肥都会导致供需不平衡。酸性土壤上施用石灰过多也会导致缺锰。

三、锰缺乏时桑树的生长状况

锰在桑树体内不能再利用。桑树缺锰症状首先表现在中上部个别叶片，并可能发展到整株叶片上。叶脉之间失绿，出现浅黄色或棕色雀斑，严重者脉间浮现褐色坏死斑块，而叶脉和叶脉附近的叶肉仍然保持绿色，叶片变小，老硬早。在缺锰不严重时，症状随时间推移有可能会消失。见图9-1。

图9-1 桑树缺锰初期的整体表现

（1）桑叶缺锰初期，褪色从叶缘开始，向叶肉深入。叶片褪色在叶脉边缘形成细锯齿状，最终为叶脉周围留绿。褪色后叶肉由浅绿色到黄色，再到棕色枯斑，最后枯黄。枯黄主要发生在叶尖、叶缘和叶脉间。见图 9-2。

图 9-2　桑树叶片失绿程度随缺锰不同时期的变化

（2）桑叶轻度缺锰时，叶肉部分轻微褪色，叶脉及附近区域留绿；严重缺锰时，叶肉区域明显黄化，叶脉颜色深绿、脉络清晰，形成锯齿状。叶肉部分可能发生褐色枯斑。见图 9-3。

（1）正常叶片　　　　　　　（2）轻度缺锰

（3）重度缺锰

图 9-3　桑树缺锰时不同失绿程度的叶片

（3）桑叶缺锰时还表现出以下典型特征：叶肉黄化，叶脉留绿，呈锯齿状；叶脉扭曲变形，叶片皱缩；幼叶卷曲、叶尖畸形。见图 9-4。

（1）叶肉黄化

（2）叶脉畸形

（3）幼叶畸形

图 9-4 桑树缺锰时的其他典型特征

（4）桑树缺锰对根系生长有不利影响。缺锰时，桑树新老根交替加快，新根细长，新根尖端无须根，其他须根黄细不发达，根系易腐烂。见图9-5。

图9-5　桑树缺锰时的根系特征

四、矫正措施

缺锰时可补充施用硫酸锰、氯化锰、碳酸锰、氧化锰或Mn-EDTA锰肥。

第十章 锌 营 养

一、锌的功能

锌在桑树体内是以与蛋白质相结合的形式存在，可以转移。锌是一些酶和蛋白结构的组成部分，如乙醇脱氢酶、碳酸酐酶、磷酸烯醇式丙酮酸羧化酶和核酮糖二磷酸羧化酶等。锌与桑树细胞的氧化还原、生长素的代谢、光合作用、呼吸作用密切相关，是酶和维生素 C 的活化剂和调节剂。锌素供应状况良好，可以提高桑树抵抗真菌侵染的能力。

二、锌缺乏的原因

1. 土壤因素

土壤锌总含量低，冲积土、岩成土、腐殖质潜育土以及砂岩发育的红壤含锌量较低，有机质含量低的砂质土及淋溶强烈的酸性土壤，锌易流失而导致桑树缺锌。

土壤有效锌含量低也会导致桑树缺锌，如石灰性土壤、酸性土壤。

2. 供需不平衡

土壤供给不足，或未能施入足量的锌肥，都会导致锌供需不足。石灰施用过多，pH 值偏高，锌的有效性低，桑树易缺锌。偏施氮、磷肥，或其他微量元素过量，易由于拮抗作用而引起缺锌。淹水条件下，大量施用未腐熟或半腐熟的有机物，或用含有大量碳酸盐的水灌溉，易引起锌沉淀而缺锌。

三、锌缺乏时桑树的生长状况

桑树缺锌时，幼嫩器官上症状明显，新梢叶皱缩呈匙状，叶片变小，黄化失绿，节间缩短。老叶叶脉间叶肉失绿黄化。见图 10-1。

图 10-1　桑树缺锌初期的整体表现

（1）桑叶缺锌初期，褪色从下部叶缘开始，不均匀地向内、向上扩展。褪色后叶脉周围保持绿色。褪色后叶肉可从黄绿色转为棕色枯萎状。枯萎主要发生在叶尖和叶脉间。见图 10-2。

图 10-2 桑树叶片失绿程度随缺锌不同时期的变化

（2）桑叶轻度缺锌时，叶片由边缘向内轻微黄化，边缘叶脉相对清晰；严重缺锌时，叶片明显黄化，叶脉较叶肉颜色偏绿，形成清晰的网状脉络。见图 10-3。

（1）正常叶片　　　　　　（2）轻度缺锌

（3）重度缺锌

图 10-3　桑树缺锌时不同失绿程度的叶片

（3）桑叶缺锌时还表现出以下典型特征：老梢顶叶黄化、边缘零星枯斑、叶片粗糙；新梢顶叶黄化程度更加严重，叶肉出现大面积褐色枯斑，伴随叶缘卷曲、枯萎。见图 10-4。

（1）老梢顶叶

（2）新梢顶叶

图 10-4　桑树缺锌时的其他典型特征

（4）桑树缺锌时，根系生长受阻，新根和须根均变短。新根生长密集，须根瘦弱，白中带黄。见图 10-5。

图 10-5　桑树缺锌时的根系特征

四、矫正措施

缺锌时可选择补充施用硫酸锌、氯化锌或 Zn-EDTA 锌肥。

第十一章　铜 营 养

一、铜的功能

铜是多种酶的组成成分，也参与多种酶的激活。铜与桑树的碳素同化、氮代谢、养分吸收以及氧化还原过程均有密切关系。铜可保护叶绿体免遭超氧自由基的伤害，促进桑树花器官的发育。

二、铜缺乏的原因

1. 土壤因素

常见原发性缺铜土壤主要有砂质土、铁铝土、铁锈土、碱性土及石灰性土壤。

泥炭土、沼泽土、腐殖土所含有机质对铜有强烈的吸附作用而降低了铜的有效性；土壤干旱缺水，会使有机质分解慢，也可诱发缺铜。

2. 供需不平衡

土壤铜元素供给不足，或未能施入足量的铜肥，都会导致铜元素供需不平衡。过度施用石灰，也会导致桑树缺铜。

三、铜缺乏时桑树的生长状况

桑树缺铜初期，枝条纤细，柔弱扭曲，叶片失绿，整个叶面微微呈现橙黄色。一般在新生幼嫩部位易出现缺铜症状，老叶快速枯黄。缺铜严重时顶梢枯死。见图 11-1。

图 11-1　桑树缺铜初期的整体表现

（1）桑树缺铜时，从顶叶、顶芽开始表现出缺素症状，随着缺素程度加重，叶片黄化逐渐向下部叶发展。见图 11-2。

图 11-2　桑树缺铜时枝条不同位置叶片的黄化表现

（2）桑树缺铜初期，褪色从叶的上部叶缘开始，均匀向下、向内扩展。叶肉由绿色变为浅绿色、淡黄色、黄色；起初叶脉及叶脉边缘叶肉保持绿色，形成细锯齿状，最终仅叶脉保持绿色。在缺素发生的中后期，叶肉会出现褐色枯斑。见图 11-3。

图 11-3　桑树叶片失绿程度随缺铜不同时期的变化

（3）桑叶轻度缺铜时，叶片均匀失色，绿色略淡，叶脉颜色相对较深；严重缺铜时，叶片明显黄化，黄化区域主要为叶片中上部叶肉，叶脉及附近区域留绿，并零星散布褐色坏死斑块。见图11-4。

（1）正常叶片　　　　　　　　（2）轻度缺铜

（3）重度缺铜

图11-4　桑树不同程度缺铜时叶片的失绿程度

（4）桑叶缺铜时还出现生长点萎蔫、死亡的典型特征。见图 11-5。

图 11-5　桑树缺铜时的生长点

（5）桑树缺铜时，新根生长受到抑制，易老化。须根变短、变细，白中带黄，生长迟钝。见图 11-6。

图 11-6　桑树缺铜时的根系特征

四、矫正措施

缺铜时可选择施用硫酸铜、氯化铜、氧化铜、氧化亚铜或螯合铜（Cu–EDTA）。

第十二章　钼营养

一、钼的功能

钼参与桑树体内氮代谢、促进磷的吸收和转运，对碳水化合物的运输也起着重要作用。钼是硝酸还原酶的活性组分，参与氮的转化过程，参与氨基酸的合成；是氢化酶的组成成分，参与光合作用和抗坏血酸代谢过程；对桑树体内维生素 C 的合成和分解都有促进作用。钼能促进桑树生长发育和提高桑树适应环境胁迫能力。

二、钼缺乏的原因

1. 土壤因素

全钼和有效钼含量均偏低的土壤，如北方的黄土和黄河冲积物发育的各种石灰性土壤；土壤条件不适导致土壤缺钼，如南方酸性红壤，全钼量虽高，但 pH 值过低，铁铝含量高，易形成钼酸盐沉淀，导致有效钼含量低而缺钼；淋溶作用强的砂土及有机质过高的沼泽土和泥炭土易缺钼。

2. 供需不平衡

土壤供给不足，或未能施入足量的钼肥，都会导致钼供需不平衡。

长期大量施用生理酸性肥料会导致土壤尤其是根际土壤酸化，使土壤中钼的有效性降低，从而诱发缺钼。

降水影响钼的有效性。干旱时土壤对钼的固定增加,钼的有效性降低;土壤过湿,排水不良,则使土壤中的有效钼还原固定,从而导致缺钼。

三、钼缺乏时桑树的生长状况

缺钼先在上部叶片上呈现黄绿色,叶子变小,叶脉间失绿变黄或出现黄斑,叶缘卷曲。随后中部叶出现微小黄斑和皱纹,严重缺乏钼的到后期枝条枯死。后期新梢生长停止,叶脉、叶肉呈橙黄色,从叶缘开始干枯死亡。见图 12-1。

图 12-1 桑树缺钼的整体表现

（1）桑叶缺钼初期，失绿黄化从叶片中心部位开始，不均匀地向叶缘扩展。褪色后叶脉完全失绿，叶肉从浅绿色转成黄绿色，后枯萎。枯萎主要发生在叶尖、叶缘和叶脉间。见图12-2。

图12-2　桑树叶片失绿程度随缺钼不同时期的变化

（2）桑叶轻度缺钼时，叶片由边缘向内轻微褪色，叶肉零星散布褐色枯斑；严重缺钼时，叶肉区域明显黄化，叶脉颜色较绿，可见清晰脉络，叶肉棕黄色斑点分布增多，叶片边缘出现连片褐色枯斑，有轻微枯萎的迹象。见图12-3。

（1）正常叶片　　　　　　（2）轻度缺钼

（3）重度缺钼

图 12-3　桑树不同程度缺钼时叶片的失绿程度

（3）桑叶缺钼时还表现出以下典型特征：老梢顶叶明显黄化，密布黄棕色斑点，边缘焦枯，叶片粗糙；新梢幼叶较绿，但卷曲、叶尖畸形，叶下部出现类似瘢痕的纹理。见图 12-4。

（1）老梢顶叶

（2）新梢幼叶

图 12-4　桑树缺钼时的其他典型特征

（4）桑树缺钼时，严重阻碍桑树的生长代谢，根系生长停滞，新根橘黄，须根短而细，长势弱，易脱落。见图 12-5。

图 12-5　桑树缺钼时的根系特征

四、矫正措施

桑树缺钼时可施用钼酸铵或钼酸钠。

第十三章　硼　营　养

一、硼的功能

硼能提高光合作用，参与蛋白质合成，参与木质纤维、细胞膜果胶的形成，参与水、碳水化合物和氮的代谢、转化和运输等作用，它与分生组织和生殖器官的生长发育有密切关系。硼还能促进根系的发育，加强土壤中的硝化作用，增强桑树的抵抗能力。硼在桑树体内移动性差，不能再度利用。

二、硼缺乏的原因

1. 土壤因素

硼缺乏的土壤因素由成土母质决定。我国南方花岗岩及其他酸性火成岩发育的土壤含硼量低。黄土发育的土壤全硼含量不低，但有效硼含量则偏低。土壤 pH 值过高，吸附固定导致土壤缺硼。土壤质地太粗或缺乏有机质，淋溶强烈导致缺硼。在干旱或地势低洼、排水不良以及有机质过高的条件下，硼的释放缓慢也可能导致桑树缺硼。

2. 供需不平衡

土壤中供给不足，或未能施入足量的硼肥都会导致硼供需不平衡。氮、钾肥对硼有拮抗作用，施氮、钾肥过多会加重土壤缺硼。

三、硼缺乏时桑树的生长状况

桑树缺硼时，顶端生长点停滞生长，甚至坏死，枝条生长缓慢，节间缩短，上部叶变小、变硬，叶脉、叶柄开裂，诱发粗皮病。幼叶畸形，皱缩，叶脉间失绿，下部叶片加厚。见图13-1。

图 13-1　桑树缺硼初期的整体表现

（1）桑树缺硼时，从上部叶开始表现出黄化，随着缺素程度加重，叶片黄化逐渐向下部叶发展。见图13-2。

图 13-2　桑树缺硼时枝条不同位置叶片的黄化表现

（2）桑叶缺硼初期，褪色从叶肉开始。叶片为不均匀失绿。褪色后叶肉可从黄绿色转为棕色枯萎状。枯萎主要发生在叶尖、叶缘和叶脉间。见图 13-3。

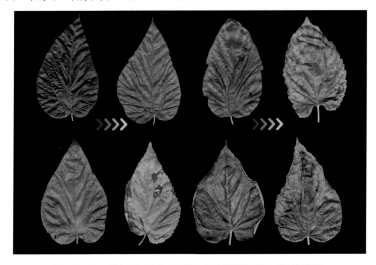

图 13-3　桑树叶片失绿程度随缺硼不同时期的变化

（3）桑叶轻度缺硼时，叶片边缘黄化、轻度卷曲、枯萎，中部颜色均匀，绿色较淡；严重缺硼时，叶片中部明显黄化，出现大面积枯萎，枯萎区域由叶缘向内、由叶尖向下扩散。见图13-4。

（1）正常叶片

（2）轻度缺硼

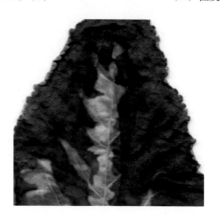

（3）重度缺硼

图 13-4　桑树缺硼时不同失绿程度的叶片

（4）桑叶缺硼时还表现出以下典型特征：基部新叶小而皱缩，出现明显的畸形；其他叶片黄化起始位置不一。见图 13-5。

（1）基部新叶

（2）黄化叶片

图 13-5　桑树缺硼时的其他典型特征

（5）桑树缺硼时，根系略黄、瘦长，根毛不发达。见图 13-6。

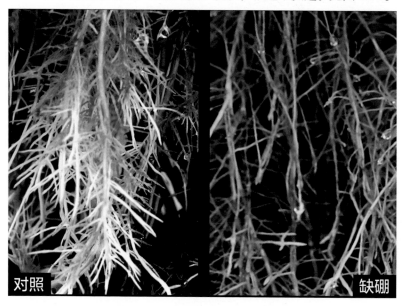

图 13-6　桑树缺硼时的根系特征

四、矫正措施

桑树缺硼时可施用四硼酸钠（硼砂）或硼酸。

第十四章 氯 营 养

一、氯的功能

适量的氯能促进 K^+ 和 NH_4^+ 的吸收，过多的氯将会影响 NO_3^- 和 $H_2PO_4^-$ 的吸收。氯离子参与细胞渗透压的维持、电荷平衡的保持，对桑树的吸收能力、气孔的运动起重要作用，在一定程度上调节桑树的抗旱能力。氯参与光合作用中水的光解反应，起辅助作用，使光合磷酸化增强。氯可以提高桑树的抗病能力。

二、氯缺乏的原因

大田中还从未发现桑树缺氯症状，因为即使土壤供氯不足，桑树还可以从雨水、灌溉水，甚至从大气中得到补充。本书中桑树缺氯的症状是通过控制性试验获得的。

三、氯缺乏时桑树的生长状况

缺氯时，叶细胞增殖速率降低，叶片生长明显缓慢，叶面积变小，并且叶脉间失绿，进而呈青铜色，从老叶开始，叶小并卷缩，叶尖干枯坏死。见图14-1。

图 14-1　桑树缺氯初期的整体表现

（1）桑树缺氯初期，褪色从叶缘开始，均匀向内扩展。褪色后在叶脉边缘形成细锯齿状，最终仅叶脉周围保持绿色。褪色后叶肉可从浅绿色转黄绿色再转黄色。枯萎主要发生在叶尖、叶缘和叶脉间。见图14-2。

图 14-2　桑树叶片失绿程度随缺氯不同时期的变化

（2）桑叶轻度缺氯时，叶肉轻微黄化，叶脉清晰呈网状；严重缺氯时，叶肉完全黄化，主脉保留淡绿色，其他叶脉黄化，叶脉弯曲，叶片畸形。见图14-3。

（1）正常叶片　　　　　　　　　（2）轻度缺氯

（3）重度缺氯

图14-3　桑树缺氯时不同失绿程度的叶片

（3）桑树缺氯时还表现出顶叶畸形的典型特征：叶脉弯曲、叶片皱缩、叶片残破。见图14-4。

图 14-4　桑树缺氯时的畸形顶叶和非畸形顶叶

（4）桑树缺氯时，新根短粗、泛白，根系老化延迟，生长量减少。见图 14-5。

图 14-5　桑树缺氯时的根系特征

四、矫正措施

桑树缺氯时可施用氯化铵、氯化钾等含氯的化学肥料。

　　不同营养元素缺乏后，桑树的外在表现具有典型特异性，根据桑树株高、叶片手感、叶片形状和叶片颜色等特征，通过以下检索表，可快速判断桑树缺素种类。

桑树缺素症状检索表

1　叶片手感变薄变纤弱 ……………………………………………………… S
1　叶片手感无明显变化
　2　植株明显变矮变小 ……………………………………………………… Ca
　2　植株高度差异不明显
　　3　叶片畸形
　　　4　新叶主叶脉畸形，变短
　　　　5　新叶主叶脉整体畸形
　　　　　6　新叶叶脉轮廓深绿色 ……………………………………… Cl
　　　　　6　新叶叶脉轮廓黄白色 ……………………………………… B
　　　　5　新叶主叶脉近叶尖、叶基出现局部畸形…………………… Mo
　　　4　叶片叶缘距离顶部 1/3、2/3 处内缩褶皱 ……………………… Mn
　　3　叶片外形正常
　　　7　叶片整片均匀变淡 ………………………………………………… N
　　　7　叶片整片非均匀变淡
　　　　8　前期变淡区域与绿色区域界限分明…………………………… K
　　　　8　前期变淡区域与绿色区域界限不分明
　　　　　9　叶片变淡区域纯正的黄色或深黄色
　　　　　　10　叶片边缘及叶肉枯斑红黑色或深黑色 ………………… P
　　　　　　10　叶片边缘及叶肉枯斑土黄色或深灰色 ………………… Mg
　　　　　9　叶片变淡区域为黄白色
　　　　　　11　叶片左右两侧变淡区域相当，叶片不卷 ……………… Fe
　　　　　　11　叶片左右两侧变淡区域不相当，叶片易脆内卷
　　　　　　　12　后期变淡区域与绿色区域界限分明 ……………… Cu
　　　　　　　12　后期变淡区域与绿色区域界限不分明 ……………… Zn